BEI GRIN MACHT SICH IHR WISSEN BEZAHLT

- Wir veröffentlichen Ihre Hausarbeit,
  Bachelor- und Masterarbeit

- Ihr eigenes eBook und Buch -
  weltweit in allen wichtigen Shops

- Verdienen Sie an jedem Verkauf

Jetzt bei www.GRIN.com hochladen
und kostenlos publizieren

Robert van der Bloemen

Fassadengestaltung und ökologische Gebäudetechnik mit Photovoltaikanlagen

GRIN Verlag

Impressum:

Copyright © 2010 GRIN Verlag GmbH
Druck und Bindung: Books on Demand GmbH, Norderstedt Germany
ISBN: 978-3-656-26157-5

Dieses Buch bei GRIN:

http://www.grin.com/de/e-book/199099/fassadengestaltung-und-oekologische-
gebaeudetechnik-mit-photovoltaikanlagen

Hausarbeit

Fassadengestaltung und ökologische Gebäudetechnik mit Photovoltaikanlagen

Vorgelegt von

Robert van der Bloemen

Hochschule Niederrhein
Fachbereich Wirtschaftsingenieurwesen und Gesundheitswesen
Bachelorstudiengang Wirtschaftsingenieurwesen

Wintersemester 2010

Kurzzusammenfassung

Die folgende Arbeit thematisiert verschiedene Fassadenkonstruktionen. Eine Fassade wird als die Haut eines Gebäudes verstanden und hat weitreichendere Funktionen als den einfachen Wetterschutz. Belüftung, Ein- und Ausblick, Schall- Sonnenschutz sowie die Verlagerung von Windlasten auf tragende Strukturen des jeweiligen Gebäudes sind weitere Aufgaben von Fassaden. Verschiedene Fassaden werden je nach Art in leichte und schwere Wandkonstruktionen eingeteilt. Diese haben wieder eigene Kategorien mit verschiedenen Systemarten. Im Verlauf der Arbeit wird ersichtlich, dass die unterschiedlichen Fassaden für unterschiedliche Anforderungen ihre pro und contra Seite haben. Näher beschrieben werden die Loch-, Vorhangfassaden im Bereich der massivbauweise. Leichte Fassadenkonstruktionen wie die einschaligen Fassadenarten, mehrschalige Fassaden und kombinierte Fassaden sind ebenfalls   Teile dieser Arbeit. Die Glasdoppelfassaden werden mit herkömmlichen Fassadenelementen verglichen. Korridor-, Kasten- Kasten- Fassade werden kurz erläutert. Anschließend folgt die Gebäudeform und –art unter ökologischen Gesichtspunkten, durch die die Wärme- und Kühlkosten erheblich reduziert werden und die Umwelt durch Ressourceschonende Materialien und Verarbeitung geschützt wird. Die aktive Maßnahme der ökologischen Gebäudetechnik, die Photovoltaik wird kurz beschrieben und als Witterungs-, Schall-, Sonnenschutz und zur Wärmedämmung aufgezeigt.

Abstract

The following piece of work addresses various frontage constructions. A frontage is understood as a skin of a building and has more wide-ranging functions than the shelter against weather. Ventilation, insight, outlook, sound- and sun protection as well as the relocation of wind load onto carrying construction of the particular building are additional functions of frontages. Frontages are – according to type - divided up into lightweight and heavy wall constructions. Those again have under categories with diverse system types. During the course of work it becomes obvious that the various types of frontages for different demands have pro and contra arguments. Accurately described are the hole and curtain walls in the field of massive construction. Lightweight frontage constructions like single-leaf frontage types, additional-leaf frontages and combined ones are also part of this paper work. Glass double frontages are compared to conventional frontage elements. Corridor- and caste frontages are shortly explained. It follows the shape and style of the building from the environmental viewpoint through which the heating and cooling expenses can be significantly reduced and the environment can be protected through resource-efficient material and processing. The active method of environmental-friendly building technology, the photovoltaic system is described and revealed as weather- , sound- and sun protection as well as heat insulation.

Inhaltsverzeichnis

Abbildungsverzeichnis

Abbildungsverzeichnisquellen

Abb. 1:   http://www.baulinks.de/webplugin/2008/i/0499-schoeck2.jpg.

                    Abruf: 09.01.2011

Abb. 2:   http://img.archiexpo.de/images_ae/photo-g/sonnenschutzglaser-fur-

                    vorhangfassaden-54841.jpg. Abruf: 09.01.2011

Abb. 3:   [Dirk Bohne 2004]

Abb. 4:   http://www.baulinks.de/webplugin/2007/i/0095-heroal.jpg.

                    Abruf: 09.01.2011

Abb. 5:   http://de.academic.ru/pictures/dewiki/122/zweite-haut-fassade.jpg.
                    Abruf: 09.01.2011

Abb. 6:   [Dirk Bohne 2004]

Abb. 7:   http://www.josef-gartner.de/referenzen/images/heidel.gif.

                    Abruf: 09.01.2011

Abb. 8:   [Dirk Bohne 2004]

Abb. 9:   http://www.menerga.com/uploads/tx_sksimplegallery/Restaurant_

                    Lido_D-dorf.jpg. Abruf: 09.01.2011

Abb. 10 – Abb. 12: [Dirk Bohne]

Abb. 13 – Abb. 14: [Roloff 2000]

1 Fassadengestaltung

Fassaden sind nicht nur der räumliche Abschluss zwischen Innen- und Außenraum sondern erfüllen auch folgende Funktionen: Ein- und Ausblick, Tageslichteinfall, Belüftung, Wärmeschutz, Sonnenschutz und ausreichender Blendschutz. Die Fassaden von Gebäuden sind mit der Haut eines Menschen zu vergleichen, die den Energiehaushalt des Körpers reguliert, indem sie auf veränderte Einflüsse und Verhältnisse reagiert. Fassaden sind ein wesentlicher Bestandteil von Gebäuden hinsichtlich der thermischen und visuellen Behaglichkeit[1] für interne Gebäudenutzer. Fassaden bieten extern den Schutz vor Kälte und Wärme, sie beeinflussen so die Energieeffizienz eines Gebäudes. Der Wärmeschutz einer Fassade führt zu geringeren Heizkosten und ein guter Sonnenschutz zu geringeren Kühlkosten. Anforderungen an die akustische Behaglichkeit erfüllen Fassaden durch unterschiedliche Schalldämmungen nach außen und durch Schallobsorption nach innen. Fassaden haben aber nicht nur Schutzfunktionen, sondern stellen auch ein wichtiges Gestaltungselement und Aushängeschild von Gebäuden dar. Konstruktiv sollen Fassaden ihr Eigengewicht und Windlasten auf die tragende Struktur übertragen. In Sonderfällen übernehmen sie auch Lasten aus anderen Bauteilen (z.B. Decken und Wände). Die genannten Anforderungen können in einem Bauelement integriert oder in verschiedenen Schichten Teil der Fassade sein. Bei der Gestaltung der Fassaden wird zwischen verschiedenen Arten unterschieden:

- Wandbauweise (schwere, massive Wandkonstruktionen)

- oder leichte, skelettartige Außenhäute (ein- und mehrschalige Fassaden, kombinierte Fassaden) [Hickert 2010]

1.1 Massive Wandkonstruktionen

Diese Wände bestehen aus Mauerwerk mit Natur- oder Kunststein, Beton oder Stahlbeton. Diese Bauteile können durch entsprechend dicke Wandstärken, ein gleichmäßiges Innenraumklima herstellen (kühl im Sommer, warm im Winter). Massive Wandkonstruktionen werden als einschalige Warmfassaden angebracht. Die Wärmedämmschichten werden direkt auf die Fassadenkonstruktion angebracht. Die

---

[1] Visuelle Behaglichkeit entsteht dann, wenn der Wahrnehmungsvorgang im Gehirn ungestört ablaufen kann.

Warmfassade übernimmt die Funktion des Raumabschlusses und der thermischen Trennung[2].
[Hickert 2010]

1.1.1 Lochfassaden

Die Lochfassade ist eine in massivbauweise erstellte Wand mit einzelnen, klar abgegrenzten
Fenster- und Türöffnungen. Diese Fassade ist ein komplett im Fertigteilwerk hergestelltes
Wandbauteil. Diese Wand kann in jeder statisch notwendigen Stärke gebaut werden. In Büro-
und Verwaltungsgebäuden werden die Fenster überwiegend aus thermisch getrennten
Aluminiumprofilen, in geringerem Umfang aus thermisch getrennten Stahlprofilen oder Holz-
Aluminium-Profilen sowie nur vereinzelt aus Holz- oder Kunststoffprofilen gefertigt.
Eingebaut werden sie idealerweise nicht im „Rohbau-Loch", sondern thermisch günstiger in
der davorliegenden Dämmebene. Umso wichtiger ist die funktionsgerechte Anbindung der
Lochfenster an den Rohbau hinsichtlich Luftdichtigkeit, Feuchte- und Schallschutz zu planen
und auszuführen. Eine hohe Baugeschwindigkeit, hohe Maßgenauigkeit sowie spachtel- und
tapezierfähige Oberflächen machen diese Lochfassade zu einer beständigen Fassade für
Büroanlagen. [Bohne 2004]

Abb. 1: Beton- Lochfassade

Bei einer Kaltfassade wird die wärmedämmende Schicht durch eine Luftschicht von der
Wetterschutzschicht getrennt. Durch die Luftschicht kann die wärmedämmende Schicht
trocknen, falls Wasser durch die Wetterschutzschicht eindringt. Zudem verhindert sie, dass

---

[2] Lasten aus der Pressleiste werden über die Verschraubung und über glasfaserverstärkte Polyamidstege abgetragen.

sich der Raum zwischen Wärmedämmung und Fassade aufheizt. Eine Ausführungsvariante der Kaltfassade ist die Vorhangfassade. [Bohne 2004]

1.1.2 Vorhangfassaden

Die Vorhangfassade ist ohne horizontale oder vertikale Segmente die einfachste Form der Doppelfassade. Bei der Vorhangfassade wird der eigentlichen Fassade eine weitere Glasfront vorangestellt. Der Abstand beträgt mindestens 30 cm, maximal 2 m. Diese wird als ergänzende Dämmschicht aufgeklebt oder angenagelt. Die Fassade trägt außer ihrem Eigengewicht keine statischen Lasten. Die Lasten werden über die Konstruktion des Bauwerks abgetragen. Die Vorhangfassade wird in der Regel in Kombination mit einer Skelettbauweise eingesetzt. Die hinterlüftete Vorhangfassade bietet eine weitere Möglichkeit der nachträglichen Außenwanddämmung und wird meist bei Gebäuden bis max. 6 Geschossen gewählt. Sie werden oft als Witterungsschutz, aber auch zur Verschönerung der Fassade eingesetzt. Zur Erstellung einer Vorhangfassade wird zunächst eine Unterkonstruktion an der Außenwand angebracht. Der Dämmstoff wird wie bei der Thermohaut an der Wand befestigt. Bei Übersteigen einer vordefinierten Temperatur öffnen sich automatisch Klappen um für Konvektionsströmung zu sorgen. Diese Konvektionsströmung innerhalb des Spaltes ist allerdings so gering, dass zusätzliche raumlufttechnische Anlagen oder Kühlungen betrieben werden müssen, um das Gebäude kühlen zu können. Zum Abschluss wird eine Verkleidung aus Holz, Schiefer, oder Faserzementplatten angebracht. Allerdings sind sie in der Regel teurer als Wärmedämmverbundsysteme und haben eine größere Tiefe. Häufig wird diese Art von Fassade bei Altbauten angewendet. [Bohne 2004]

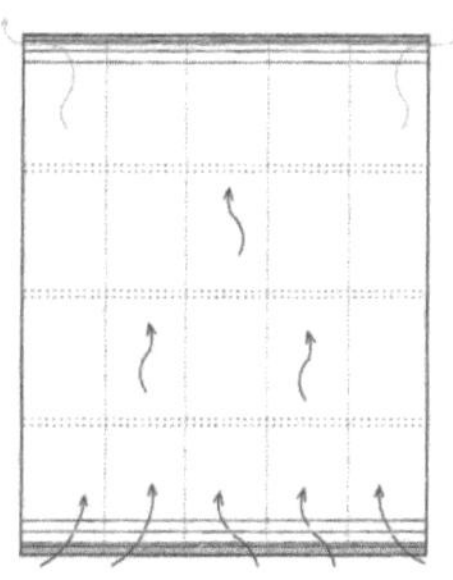

Abb. 2: Vorhangfassade mit Sonnenschutzglas   Abb. 3: Glas- Doppelfassade Typ Vorhangfassade

1.2 Leichte Fassadenkonstruktionen bietet im Vergleich zu massiven Lochfassaden einen besseren Tageslichteinfall. Durch den hohen Glasanteil wird im Winter der Energieverbrauch des Gebäudes durch Solarenergie minimiert. Der hohe Glasanteil kann jedoch im Sommer zu Überhitzung führen. Wesentliche Arten von Fassadenkonstruktionen sind: einschalige Fassaden, mehrschalige Fassaden oder kombinierte Fassaden. [Hickert 2010]

1.2.1 Einschalige Fassaden werden aufgrund verschiedener Lastabtragungen, Fertigungen und Montage in Systeme geteilt. Pfosten-Riegel-Fassaden sind überwiegend verwendete einschalige Fassaden. Diese Sprossenkonstruktionen bestehen aus vertikalen Pfosten- und horizontalen Riegelprofilen. Das System wird aus Einzelteilen zusammengesetzt und ebenso vor Ort verglast. Die Konstruktion besteht nur aus senkrechten Profilen und einer Riegelfassade, bei der nur waagerechte Profile eingesetzt werden. Von Vorteil sind die schlanken äußeren Pressleisten, welche nur fünf cm breit sind. Neben festem Glas können außerdem einfache Fenster- oder Türelemente integriert werden. Nachteile der Pfosten-Riegel-Fassade ist die Rahmenbreite bei der Integration eines Öffnungsflügels3. Diese erhöhen die sichtbaren Rahmenbreiten der ansonsten schmalen Konstruktion. [Hickert 2010]

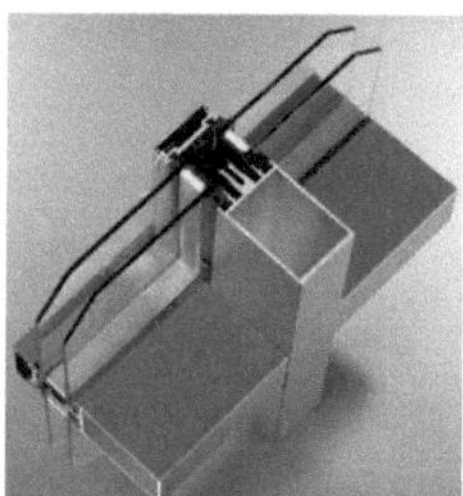

Abb. 4: Pfosten- Riegel- System

1.2.2 Mehrschalige Fassaden

Bei dieser Fassadenart wird die Funktion auf zwei Ebenen verteilt, deshalb auch Doppelfassade genannt. Witterungs- und Schallschutz für den Innenraum soll durch eine äußere Glashaut unter Bildung eines Fassadenzwischenraumes verbessert werden. In diesen Zwischenraum wird die Sonnenschutzanlage integriert, wodurch dieser durchgehend

---

3 bewegliche, zu öffnende Teile von Fenster- und Türkonstruktionen.

funktionsfähig ist und den sommerlichen Wärmeschutz optimiert. Mehrschalige Fassaden (z.B. Korridor-, Kastenfassaden) werden für wind- und lärmbelastete Hochhäuser eingesetzt. Sie lassen sich nach Größe des Fassadenzwischenraumes und deren Be- Entlüftung unterscheiden. [Bohne 2004]

1.2.2.1 Glasdoppelfassaden

Glasdoppelfassaden werden so ausgebildet, dass zwischen der eigentlichen Fassade und einer vorgesetzten Glaskonstruktion ein Spalt entsteht. Bei Sonneneinstrahlung sorgt die Temperaturerhöhung im Spalt für einen Kamineffekt, der mittels Öffnungen in der Innenfassade eine natürliche Lüftung des dahinter liegenden Raumes besorgen soll (Abb. 5). Die Breite des Fassadenzwischenraumes an Luftein- und auslässen sollte aufgrund der gewollten Kaminwirkung nicht kleiner als 20 cm ausgeführt werden. Soll der Raum zu Wartungs- oder Reinigungszwecken begehbar sein, so muss seine Breite mehr als 50 cm betragen. Bei Klimahüllen ist die zweite Schale in einem großen Abstand vor der ersten Schale angeordnet, wie z.B. in Atrien, Klimahüllen, überdecken sie das gesamte Gebäude, handelt es sich um das Haus-im-Haus-Prinzip bzw. um integrierte Glashäuser. Je nach Gebäudetyp, Konstruktionsart der Doppelfassade, Spaltenbreite, horizontalen und vertikalen Schotts[4] innerhalb der Fassade gibt es unterschiedliche Ausformungen. Neben den Gestaltungsaspekten eines Gebäudes ist für den Einsatz von Glasdoppelfassaden entscheidend, eine möglichst natürliche Lüftung zu erzielen, Schallschutz sicherzustellen, bei höheren Gebäuden den Winddruck an der Innenfassade zu reduzieren und so eine Verringerung der Heizlast zu bewirken. Größtes Problem der Doppelfassaden ist jedoch der sommerliche Wärmeschutz. Erfahrungen zeigen, dass die Spalttemperatur immer über der Außentemperatur liegt und trotz einer Reduktion der transmittierten Strahlung eine Erhöhung der Kühllast in den Räumen auftritt. [Daniels 1999]

So kann das eigentliche Ziel der Glasdoppelfassaden mit der längeren Nutzung der freien Lüftung durch zu öffnende Fenster und erhöhtem Wind- und Lärmschutz begründet werden. Die längeren Betriebszeiten der Fensterlüftung innerhalb gemäßigter Bedingungen von Außentemperatur und Strahlungseinfall bedingen jedoch die Installation einer Heiz- und Kühltechnik bzw. Raumlufttechnik, die außerhalb der gemäßigten Bedingungen die Einhaltung der Behaglichkeitskriterien in den Räumen sicherstellt. [Bohne 2004

---

[4] Ein Schott ist eine geschlossene Trennwand

Tab. 1: Glasdoppelfassaden im Vergleich

Sachgegenstand	Pro GDF	Kontra GDF
Schall	GDF bieten einen verstärkten Schallschutz bei Außenlärm	GDF müssen zu Lüftungszwecken geöffnet werden. Dann sinkt die Schallschutzwirkung. Der Luftspalt steigert die Schallübertragung
Heizenergie Winter	GDF sind energiesparend, weil sie Solarenergie wie ein Kollektor einfangen	Bei den in Frage kommenden Gebäuden mit hohen internen Wärmelasten ist Energieeinsparung kein Thema
Kühlenergie Sommer	Sommerliche Hitze kann über den GDF - Luftspalt abgeführt werden	Im GDF - Luftspalt tritt eine starke Erwärmung auf, welche den dahinter liegenden Raum aufheizt
Sonnenschutz	GDF gestatten im Luftspalt eine sturmsichere Anbringung des Sonnenschutzes	Ein sicherer Sonnenschutz kann auch in eine Hochhaus-Lochfassade integriert werden
Brand	Mit Horizontal- und Vertikalschotten kann die Brandausbreitung im Luftspalt vermieden werden	Die äußere Glashaut verhindert den Rauchabzug, dadurch steigert der Luftspalt den Feuerüberschlag
Kosten	GDF senken die Betriebskosten des Gebäudes (Energiekosten)	GDF erfordern extrem hohe Investitionskosten. Sie verursachen ferner hohe Betriebskosten (Reinigung von vier Glasoberflächen)

[Bohne 2004]

Abb. 5: Zweite- Haut- Fassade

1.2.2.2 Korridorfassaden

Korridorfassaden unterscheiden sich von den Vorhangfassaden durch integrierte vertikale Trennungen (Abb. 6 und Abb.7). Bei Korridorfassaden ist der Fassadenzwischenraum jeweils geschossweise voneinander getrennt. Zusätzlich können aus akustischen und brandschutztechnischen Gründen vertikale Schotten innerhalb des Geschosszwischenraumes angeordnet werden. Die Luft wird in senkrechten Korridoren geführt. Dieses führt zur Verringerung der Auftriebsgeschwindigkeit. Bei höheren Gebäuden können zusätzlich horizontale Schotts eingebaut werden. Zu- und Abluftöffnungen befinden sich in Boden- und Deckennähe. Sie sind versetzt zueinander angeordnet, um eine Reinfiltration der Luft von Geschoss zu Geschoss zu vermeiden. Der hohe Anteil der Zu- und Abluftöffnungen begünstigt jedoch die Schallübertragung. [Daniels 1999]

Von Vorteil ist die geschossweise Abschottung zur Vermeidung einer thermischen Überhitzung, die bei einer Luftführung über mehrere Geschosse bei den oberen Geschossen auftreten kann. Korridorfassaden kommen meist bei geschossweise Vermietung zum Einsatz, weil dann auf teure Trennwandelemente verzichtet werden kann. [Hickert 2010]

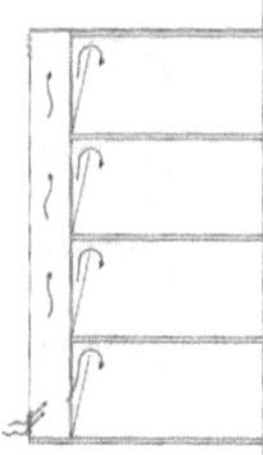 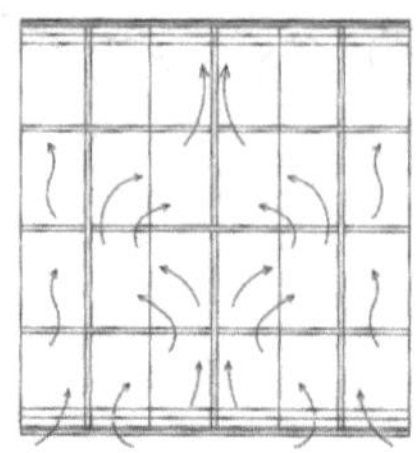 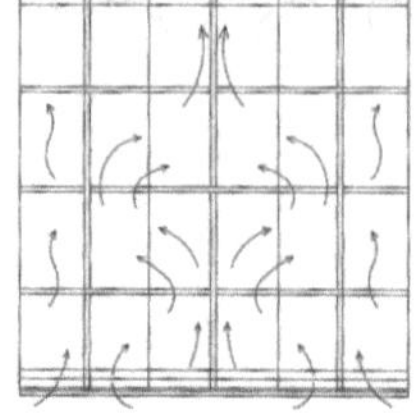

Abb. 6: Glas- Doppelfassade Typ Korridorfassade   **Abb. 7: Korridorfassade**

1.2.2.3 Kasten – Kasten – Fassaden

Die Kastenfenster-Fassade basiert auf dem Prinzip des Kastenfensters[5], ist aber als geschosshohe Fassade mit horizontaler und vertikaler Abschottung ausgebildet. Die horizontale Abschottung erfolgt üblicherweise geschossweise, die vertikale achsweise. Jedes Segment muss über eine eigene Zu- und Abluftöffnung verfügen, da so eine Schallübertragung an andere Geschosse bzw. Nachbarräume verhindert wird. Zur Verhinderung von Kurzschlussströmen werden häufig diagonale Zugluft- und Abluftöffnungen angebracht. Der Anteil der Kurzschlussströmungen wird damit erheblich reduziert. Die Fenster der Innenräume können zum Lüften des Fassadenzwischenraums geöffnet werden. Die Außenfassade enthält jeweils ober- und unterhalb der Abschottung Öffnungen für Zu- und Abluft. Durch ihre versetzte Anordnung soll verhindert werden, dass die Abluft der unteren Elemente in die Zuluftöffnungen der darüber angeordneten strömt. Kastenfenster-Fassaden werden eingesetzt, wo eine hohe Separierung der Raumnutzer gefordert ist z.B. um kleinere Mieteinheiten in Hochhäusern zu realisieren. Vorteile bieten diese Fassaden in der Montage, da sie als komplett vorgefertigtes Element sehr schnell und ohne Gerüst montiert werden können. [Bohne 2004]

---

[5] Form von einem Doppelfenster. Dem einfachem Fenster wurde durch ein vorgesetztes Winterfenster zum Doppelfenster erweitert

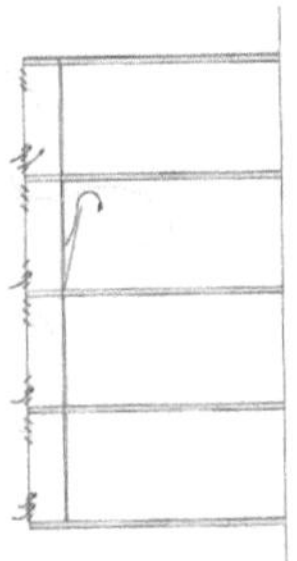 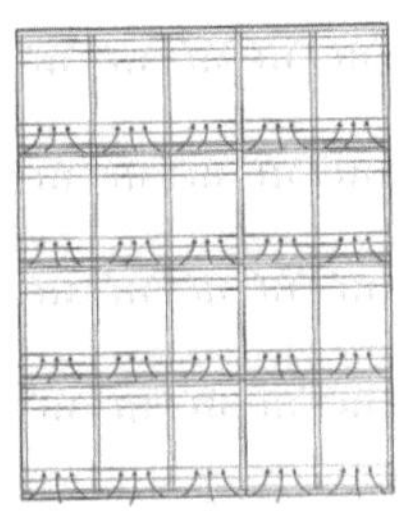 

Abb. 8: Glas- Doppelfassade Typ Kasten- Kasten- Fassade   Abb. 9: Kasten- Kasten- Fassade

1.3 Kombinierte Fassaden verbinden verschiedene Funktionen in einem System. Ein- und mehrschalige Fassadenbereiche werden abwechselnd angeordnet, so dass kombinierte Fassaden aus zwei Konstruktionsarten entstehen. In den Fassaden können zusätzlich punktuelle Komponenten für die Tageslichtlenkung und die raumklimatische Konditionierung integriert werden. [Daniels 1999]

2 Ökologische Gebäudeform und –art

Um Energiekosten und somit einen erheblichen Teil der gesamten Fixkosten einsparen zu können, ist nicht nur die Gebäudeform, Gebäudestellung und Gebäudestruktur entscheidend, sondern auch die Ausbildung der Fassaden. Die Ausrichtung, je nach Himmelsrichtung, bestimmt die Wärmeverluste und -gewinne von Gebäuden. Unter Beachtung von Oberflächen- Volumenverhältnissen werden Investitions- und Betriebskosten eingespart. Je mehr das Gebäude einem gleichseitigen Würfel ähnelt, umso geringer sind die Wärmeverluste. [Bohne 2004]

Der Aspekt der Ausbildung von Fassaden und Fensterflächen muss mit einbezogen werden. Nord-, Ost- und Westfassaden haben fast keinen Einfluss auf den spezifischen jährlichen Wärmebedarf. Bei der Südseite fällt der Wärmebedarf bei größer werdenden Fenstern auf bis zu 30% ab. [Köhler 2009]

Die Energiesparverordnung (früher Wärmeschutzverordnung) soll aufgrund von steigender Energiekosten die Reduzierung des Energieverbrauchs durch bauliche Maßnahmen unterstützen. [Tuschinski 2010]

Im Vordergrund eines ökologischen Gebäudes steht der architektonische Entwurf, durch den alle folgenden technischen Maßnahmen geprägt sind. Die Wechselwirkung zwischen der Auswahl geeigneter Gebäudetechnik und dem Gebäudeentwurf bestimmt insbesondere bei ökologischen Konzepten die Qualität der Nutzung und der Energiebilanz. Im Vordergrund steht die Integration in den Gebäudeentwurf und damit die Entwurfsansätze, die ein Gebäude unveränderbar prägen. Verschiedene ökologisch sinnvolle technische Anlagen wie z.B. die Photovoltaik können unabhängig vom Gebäudeentwurf installiert und betrieben werden. [Bohne 2004]

Der Energieverbrauch eines Gebäudes wird durch die bauphysikalischen Qualitäten[6] bestimmt. Die entsprechend gewählte Architektur, Konstruktion und Art des technischen Ausbaus machen eine erhebliche Energieeinsparung möglich. Beim ökologischen Bau wird bei der Herstellung, beim Betrieb und bei der Entsorgung eines Gebäudes besonders auf umweltverträgliche Materialien und ressourceschonende Technologien gesetzt. Gebäude, die unter ökologischen Gesichtspunkten geplant und gebaut wurden, brauchen im Vergleich zu nicht ökologischen Gebäuden geringere Primärenergien, sie haben geringere Schadstoffanteile in den eingesetzten Materialien und einen höheren Komfort. Der Primärenergiebedarf, also der Heiz, Kühl-, Lüftungs- und Elektroenergiebedarf setzt sich mit dem durch den Betrieb der Anlage verursachten Verbräuche zusammen. Diese können gering gehalten werden, wenn dass Gebäude nach Größe, Form und Ausrichtung unter Beachtung der äußeren Einflüsse so konzipiert wird, dass Energieströme, die zur Erhaltung der Behaglichkeit erforderlich werden, durch auf den Betrieb optimierte Anlagetechnik möglichst wenig Primärenergie verbraucht, natürliche Maßnahmen wie Energiezwischenspeicherung weitgehend ausgeschöpft werden und vorrangig die regenerativen Energiequellen für die Lieferung von Heiz-, Kühl- und Elektroenergie genutzt werden. [Bohne 2004]

Tab. 1: Ökologische Gebäudetechnik

Passive Maßnahmen	Aktive Maßnahmen	Hybrid Maßnahmen
Thermische Trägheit	Kraft- Wärme- Kopplung Total- Energie- Anlagen	Wärme- & Kältespeicherung in Verbindung mit aktiven Systemen

---

[6] Bauphysik und bauphysikalische Überlegungen fließen in die Entwurfsphase der Baukonstruktion und Architektur ein. Zahlreiche technische Regelwerke, Normen und Gesetze beinhalten bauphysikalische Fragestellungen und Festlegungen

Wärmedämmsysteme, Glasarten	Solarthermie	Luftvorkonditionierung über Bauteile / Erdreich
Doppelfassaden, Atrien	Photovoltaik	
Gebäudeform & Ausrichtung	Bauteiletemperierung	
	Wärmepumpentechnik	
	Geothermie	
	Neuere Heiztechnik (Brennwert, Brennstoffzellen, Gebäudetemperierung)	
	Kühlsysteme (Sorption, Kältespeicher und andere)	

[Daniels 1999]

2.1 Photovoltaik

Näher betrachtet wird die direkte solare Nutzung der aktiven Maßnahme der Gebäudetechnik, die Photovoltaik. Aus gebäudetechnischer Sicht können Photovoltaikanlagen zur energieoptimierten Gesamtplanung des Gebäudes durch erneuerbare Energien dienen. Mittels Solarzellen wird das Sonnenlicht in elektrische Energie umgewandelt. Bei dem in Festkörpern auftretenden Effekt wird mittels des lichtelektrischen Effekts Strahlungsenergie auf die Elektronen der Festkörper übertragen. Solarzellen nutzen diesen photovoltaischen Effekt aus. Gebaut werden Solarzellen aus Halbleiter-Materialien, die eine hohe Absorption der Sonnenstrahlung ermöglichen und zudem einen guten Transport der erzeugten Ladungsträger ergeben. Zu den Materialien gehören mono- und multikristallines Silizium sowie Dünnschichttechnologien. [Bielas 2008]

Solarzellen nutzen direkte und diffuse Sonnenstrahlung. Der Anteil der diffusen Sonnenstrahlung beträgt in Deutschland über das Jahr betrachtet ca. 48 – 57%. [Meier 2001]

Im Durchschnitt erreicht die auf eine horizontale Fläche auftreffende Sonnenenergie ca. 1.145 kWh / (m² · a) Bei optimal zur Sonne ausgerichteten Flächen ist eine Ausbeute von ca. 1.180 kWh/m² erzielbar. Diese Daten ergeben sich, wenn Photovoltaik-Elemente bei voller

Sonneneinstrahlung, ausgerichtet nach Süden, einen Neigungswinkel von 40° haben. Die Abweichung je nach Klimazone variiert zudem um ca. ± 10%. [Schönwiese 2008]

Einen erheblichen Einfluss hat die Lage von Solarmodulen. Diese können auf dem Gebäude selbst durch Aufbauten, durch Nachbargebäude, durch die städtebauliche Situation (Bäume, andere Gebäude) beschattet werden. Auch partielle Abschattungen an der Solarzelle können sich auf den Energieertrag derart negativ auswirken, als wäre der gesamte Strang abgeschattet. Der Jahresertrag beträgt im Bundesdurchschnitt auf eine horizontale Fläche 1.000 kWh/m². Die regionalen Abweichungen betragen max. 12%. [Daniels 1999]

Für die Anwendung werden Solarzellen zu größeren Einheiten zusammen geschaltet. Durch die Serienschaltung wird eine höhere Spannung erzeugt, während eine Parallelschaltung eine höhere Leistung bewirkt. Meist werden die verschallteten Solarzellen in transparente Äthylen-Vinyl-Acetate eingebettet, mit einem Rahmen aus Aluminium oder Edelstrahl versehen und frontseitig transparent mit Glas abgedeckt. Der prinzipielle Aufbau von Photovoltaikanlagen ist in dem (Abb. 10) dargestellt. [Bohne 2004]

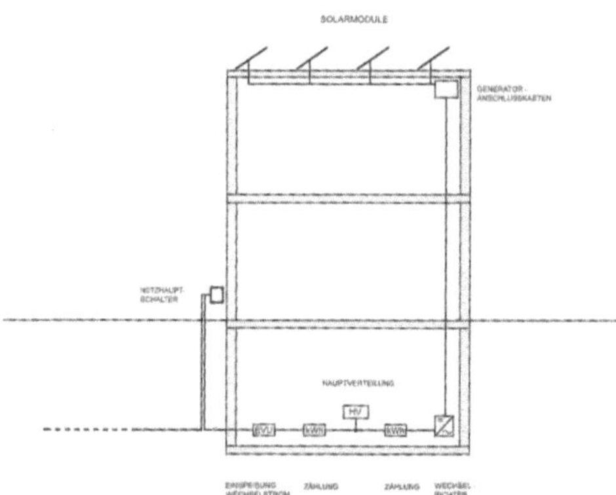

Abb. 10: Prinzipdarstellung einer netzgekoppelten Photovoltaikanlage

Photovoltaikmodule können zusätzlich an bzw. auf die Außenhaut (Fassade, Dach) montiert werden (Abb. 11)

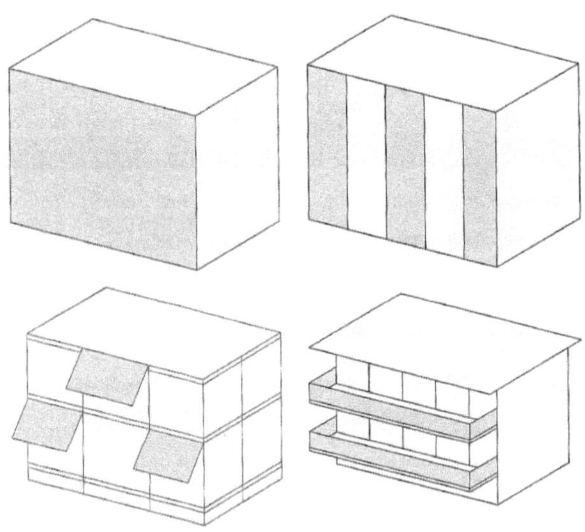

Abb. 11: Anordnung von Photovoltaikelementen an der Fassade

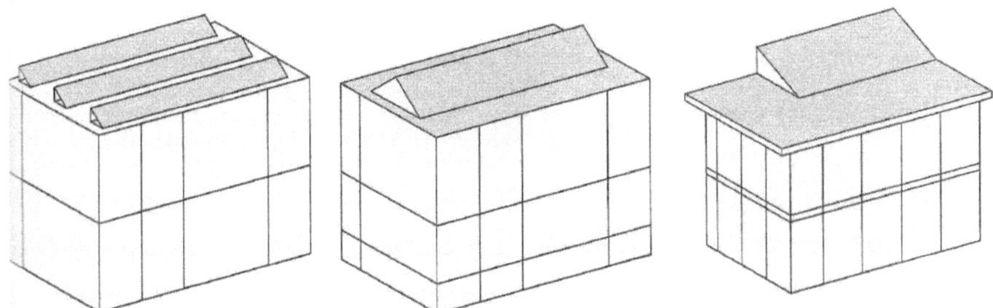

Abb. 12: Mögliche Anordnung von Photovoltaikelementen (dunkle Flächen)

Die meisten Gebäude bieten mit ihrer Außenfläche ausreichend große Flächen für Photovoltaikelemente an. Für eine frühzeitige Integration in den Entwurf bietet es sich an, PV-Elemente mit einer Mehrfachnutzung für die Fassade einzusetzen. Photovoltaikelemente können als Bestandteil der Gebäudehüllen weitere Funktionen übernehmen: Sonnenschutz; Witterungsschutz; Wärmedämmung; Schallschutz; Sichtschutz / Lichtlenkung und Gestaltungselemente. [Bohne 2004]

2.1.1 Witterungsschutz

Gewährleistungsfristen von Photovoltaikanlagen bis zu 25 Jahren ermöglichen auch einen Einsatz als Bauteil in der Fassade. Temperaturwechsel machen den Photovoltaikmodulen nichts aus. Sie sind UV- Beständigkeit, Sturm- und Hagelfestigkeit, da sie für die Anwendung im Freien ausgelegt sind. Wegen der erhöhten Temperatur auf der Innenseite zur Fassade bzw. Dach ist eine hinterlüftete Fassadenkonstruktion geeignet. [Bohne 2004]

Eine Leistungsminderung bis zu 10% ist ohne Hinterlüftung möglich. Der erforderliche Abstand zur Fassade beträgt deshalb 15cm. [Klimesch 2008]

2.1.2 Wärmedämmung / Schallschutz

Photovoltaikmodule, die in die Fassade eingefasst sind, können übliche Wärmedurchgangskoeffizienten[7] erreichen. Damit kann ein Modul neben der Stromgewinnung auch gleichzeitig die Funktion der thermischen Trennung in der Gebäudehülle übernehmen. Bei mehrschichtigem Modulaufbau kann darüber hinaus eine schallschützende Wirkung, wie mit üblichen Schallschutzgläsern, erzielt werden. Fenster reduzieren das Schalldämmmaß schwerer Außenwände erheblich. [Bohne 2004]

Durch Einbau von Schallschutzfenstern folgt eine Verbesserungen in den Bereichen: Fensterscheibe, Fensterblendrahmen, Fugen zwischen Rahmen und Außenwand, sowie Rahmen und Flügel. Durch Verbundglasscheiben mit speziellen schallschluckenden Folien werden die Elastizität der Scheibe und zugleich auch das Schalldämmmaß erhöht. Schallschutzfenster mit hohem Wirkungsgrad haben: dickes, dreischichtiges Glas mit relativ großen Abständen zwischen den Scheiben; einen dünnwandigen elastischen Blendrahmen und eine dreifache Abdichtung zwischen Flügel und Blendrahmen aus Gummiprofilen. Die Abschwächung des Schalldämmwertes der Wand wird in der Bauphysik in einer Formel mit dekadischem Logarithmus berechnet. [Daniels 1999]

---

[7] ein Maß für Wärmestromdurchgang durch eine ein- oder mehrlagige Materialschicht, wenn auf beiden Seiten verschiedene Temperaturen anliegen.

2.1.3 Sonnenschutz

Photovoltaikelemente können in verschiedener Form als Sonnenschutzelement gleichzeitig anderseits genutzt werden. Häufig ist in der Funktion als verschattendes Element eine optimale Orientierung zum Sonnenstand gegeben. Beispiele für mögliche Anordnungen sind in (Abb. 12) aufgezeigt. [Bohne 2004]

Reflexionsverglasung vermindert den Tageslichteinfall. Dies ist insbesondere bei überdachten Passagen der Fall. Bei Eingangshallen, in denen Arbeitsplätze vorhanden sind, reicht allerdings die Reduzierung mit Reflexionsglas nicht aus. Hier lässt prismatischer Sonnenschutz Tageslicht gezielt in den Raum hinein. Durch Prismen werden direkte Sonnenstrahlen, die auf das Fenster auftreffen, umgeleitet und wieder zu 70% nach außen reflektiert. Prismenplatten sind geschützt in Isolierglas eingebaut und werden in ihrer Ausbildung speziell für verschiedene Himmelsrichtungen angefertigt. Durch dieses Prinzip wird neben einem guten Sonnenschutz, auch ein kleiner Wärmedurchgangskoeffizient von max. 1,5 W/m^2K erzeugt. [Heinrich 2009]

3 Zusammenfassung

Durch die ökologische Bauweise und der jeweiligen Fassade können Energiekosten eingespart werden. Fassaden haben weit aus mehr Funktionalität als den einfachen Schutz von Gebäuden. Sie regulieren durch die verschiedenen Fassadenarten das Klima und sorgen für Sonnenschutz. Außerdem sind sie Aushängeschild von Gebäuden. Durch aktive Maßnahmen der ökologischen Gebäudetechnik, wie die Photovoltaik, kann die Fassade hinsichtlich der Witterung, Wärmedämmung, Schallschutz und des Sonnenschutz nicht nur unterstützt und verbessert werden, sondern auch zur eigenen Stromversorgung des Gebäudes beitragen. Die Gebäudeform kann sich den Gegebenheiten, wie z.B. dem Wetter anpassen. So können u.A. Gebäude auch in stark windanfälligen Gebieten (z.B. Meeresnähe) so konzipiert werden, dass sie ideal zum Luftstrom gebaut werden. Ökologisches, umweltschonendes und vor allem ressourceschonendes Bauen nimmt in Zukunft an Bedeutung zu, da die natürlichen Ressourcen der Erde abnehmen. Die Politik versucht durch verschiedene Klimaschutzpakete z.B. 20-20-20, die Treibhausgasemissionen um 20% zu reduzieren, den Gesamtanteil an erneuerbaren Energien auf 20% zu steigern und die Energieeffizienz um 20% zu erhöhen. Gebäudeform und –art sowie deren Fassaden, in Hinblick auf erneuerbare Energien (Photovoltaik) unterstützen diese Pakete und machen Gebäude zu kleinen Stromerzeugern.

Anwendungsbeispiel:

Hochschule für Film und Fernsehen Potsdam, Babelsberg.

Entwurfsidee:

Der einfache Aufbau der Kammstruktur erlaubt eine klare, funktionale Gliederung des Gesamtgebäudes. Die Sonderbereiche wie Bibliothek, Hörsäalen und Studios befinden sich in den Basisgeschossen und bilden die Auflager für die linear durchlaufenden Funktionsgeschosse der Lehrbereiche. Durch die Ost-West-Ausrichtung der Gebäude sind für die Ateliers vielfältige Möglichkeiten der gewünschten Nordlage gewährleistet. Die Überdachung der Gebäudezwischenräume ermöglicht, neben den ökologischen Vorteilen und dem Schutz vor Schallimmission, eine optimale Anbindung der einzelnen Funktionsbereiche. Der Vorzug dieses „Haus-im-Haus-Systems" liegt darin, dass die Verbindungswege, Foyers und Treppen offen, ohne Einhausung, wie Möbel ausgebildet werden können. Die unterschiedliche Gestaltung dieser Glashäuser differenziert zwischen öffentlichen und privaten Zonen. Die Glashäuser zwischen den Lehrgebäuden erlauben den Studenten und Hochschulmitarbeitern eine vielfältige Nutzung in einer internen Grünzone. Darüber hinaus können alle Glashallen als Unterrichtsforen oder Kulissen für studentische Arbeiten genutzt werden. Haupterschließungs- und Verteilerpunkt des Gebäudes ist der zentrale „Stadtplatz", von dem aus direkt Bibliothek und Filmausleihe, sowie die öffentlichen Bereiche der Verwaltung zu erreichen sind. Über eine Treppenskulptur, die die Trennung zwischen öffentlichen und internen Besuchern herstellt, sind einerseits Kinos, Video- und Hörsäle im 1. OG erschlossen und andererseits hochschulintern die verschiedenen Gebäudeteile der Lehrbereiche zugänglich. Das Einstellen der Sonderbereiche als eigenständige Kuben, die Treppen und Brücken, Durchbrüche und Einschnitte bewirken, dass jeder Querriegel zum individuell gestalteten Baukörper wird. Die Öffnungen in den Gebäudezeilen erlauben eine Durchsicht und Orientierung im Gesamtbaukörper. Vielfalt und Individualität der Gebäudefiguren verbergen sich unter der einfachen, linearen städtebaulichen Gesamtstruktur des Daches. Die Kinoarchitektur der Hörsäle im Eingangsbereich mit ihrer spannungsvollen Auskragung, zieht den Besucher förmlich in das Gebäude hinein, die öffentliche Nutzung des Cafés macht den „Stadtplatz" für Besucher, aber auch für die benachbarten Einrichtungen der Filmhochschule, interessant. Abgesehen von den gestalterischen Vorzügen, verringern die konzipierten Glashäuser mit der außenliegenden thermischen Hülle den Außenflächenanteil des Gesamtgebäudes erheblich. Der Energieaufwand wird durch die passiven Solargewinne drastisch gesenkt. Die gläserne Hülle erzeugt hohe Raumqualitäten, einen großzügigen, geschützten Innenraum mit allen Vorzügen eines mediteranen Klimas und lädt zur vielfältigen Nutzung der Atrienbereiche ein. Durch großflächige Verglasung der Wintergärten ist eine ausreichende Lichtstärke sowohl in den Bürogeschossen als auch für eine eventuelle Bepflanzung in den Erdgeschoßzonen gegeben. Die Belüftung der Halle erfolgt über Lüftungsklappen, die ohne großen technischen Aufwand für ein optimales Innenklima sorgen. Die geschlossenen Dachbereiche können mit Photovoltaik-Elementen zur Stromversorgung nachgerüstet werden. Der im Grundwasser, unter der Tiefgarage liegende Massespeicher, ermöglicht die Vorheizung bzw. Abkühlung der Außenluft, bevor diese in die zu belüftenden Räume oder die große Halle eingelassen wird. Der verbrauchten Raumluft wird über einen Wärmetauscher die Wärmeenergie entzogen, bevor sie das Gebäude verlässt. Das anfallende Regenwasser versickert über eine Rigolen-Versickerung[8] auf dem Grundstück.

Fassadenkonzept:

Innenfassaden: Durch den Regenschutz der Glasdächer und die um das Gesamtgebäude herum verlaufende thermische Hülle können in den Bürogeschossen einfache Metall/Holzfassaden (Einfachverglasung) mit einem flexiblen Pfosten-Riegel-System verwendet werden, das die Raumaufteilung in den unterschiedlichsten Größen erlaubt. Um einen möglichst tiefen Lichteinfall in die Büroräume zu erhalten, wurden nur 60 cm hohe Unterzüge geplant, die sehr hohe Fensterelemente zulassen und gleichzeitig den ungehinderten Einblick in die Hallenbereiche ermöglichen. Die Betonunterzüge der einzelnen Bürogeschosse wurden aus Schallschutzgründen mit hinterlegten Holzlamellen versehen. Im Außenbereich wurden, gemäß ihrer Orientierung und Funktionen, fünf grundsätzlich unterschiedliche Fassaden konzipiert.

Südansicht: Die Südansicht gliedert sich in die Bereiche Bürofassade (mit thermisch getrennten, farbig eloxierten, Alu-Pfosten-Riegel-Elementen), die mit Stahlblech – Platten verkleideten, geschlossenen Wandscheiben der Großräume sowie die aufgeständerte Bibliothek, wieder im Pfosten-Riegel-System. Eine vorgehängte zweite Sonnenschutzfassade als Stahl-Rahmenkonstruktion trägt Reinigungs- und Fluchtbalkone der Obergeschosse, sowie die außenliegenden Fluchttreppen der Hörsäle. Die Felder wurden mit Gitterrostelementen ausgefacht.

---

[8] Rigolen sind Speicher, in denen Regenwasser aufgefangen wird, zwischengespeichert wird und vor dort entweder versickert oder bei ungünstigen Bodenverhältnissen gedrosselt an Gewässer oder Kanal abgegeben wird.

Ostfassade: Die Ostfassade wird als durchlaufende, horizontal gegliederte Haut gesehen. Eine von der Dachkonstruktion abgehängte Alu-Riegelkonstruktion beinhaltet alle technisch erforderlichen Elemente, wie Lüftungsklappen und Fluchttüren.

Nordansicht: Die Nordansicht gliedert sich in zwei Hauptbereiche. Als Sockelgeschosse die Ebenen EG und 1. OG. Dieser Bereich ist als Lochfassade ausgeführt, wobei die Öffnungen direkt auf den funktionalen Inhalt abgestimmt sind. Die beiden oberen Geschosse sind wiederum verwandt mit den Obergeschossen der Südansicht. Thermisch getrennte Alu-Pfosten-Riegel-Konstruktion farbig eloxiert, mit gedämmten Brüstungspaneelen aus profilierten Aluminiumblechen.

Westfassade: Die Westfassade dokumentiert die technische Seite des Gebäudes. Treppen- und WC-Bereiche, sowie Installationsschächte bilden massive, betonverkleidete Wandscheiben. Eine vertikale Pfosten-Riegel-Konstruktion, mit den notwendigen Lüftungsklappen und beweglichem Sonnenschutz ausgestattet, lassen eine gebäudehohe Belichtung der Atrien zu. Die Kinosäle auf der Südwest-Seite sind wieder mit gekantetem Stahlblech - Platten verkleidet.

Dachaufsicht: Die Dachaufsicht als fünfte Außenfassade des Gebäudes, besteht aus zwei Flächenarten. Über den Atrien werden großflächige Lichtsheds installiert, die auf der Nordseite mit Lüftungsklappen zur Entrauchung und zum sommerlichen Wärmeabzug ausgestattet sind. Die auskragenden Dachüberstände auf der Ostseite wurden teilweise mit Stahllamellen bzw. Gitterrosten ausgefacht. Die geschlossenen Dachflächen wurden als Leichtdachkonstruktion mit gesandeter Dachpappe ausgeführt. [Roloff 2000]

Abb. 13 Draufsicht

Abb. 14: Ostfassade Hochschule für Film und Fernsehen

Literaturverzeichnis

[Bielas 2008] Bielas, J.: Solarzellenfunktion und Photovoltaikelemente, in: http://bi-invest.de/. Abruf: 09.01.2011.

[Bohne 2004] Bohne, D.: Ökologische Gebäudetechnik. Stuttgart: Kohlhammer, 2004.

[Daniels 1999] Daniels, K.: Gebäudetechnik. Ein Leitfaden für Architekten und Ingenieure. München/ Zürich: Oldenbourg Industrieverlag, 1999.

[Heinrich 2009] Heinrich, H.: Passivhaus innovative Lösungen für ein zeitgemäßes zuhause, in:http://www.saena.de/media/SAENA_Internetseite/Aktuelles/Publikationen/FL_Passivhaus.pdf. Abruf: 09.01.2011.

[Hickert 2010] Hickert, S.: Arten von Fassaden, Übersicht, in: http://www.baunetzwissen.de/standardartikel/Fassade-Arten-von-Fassadenkonstruktionen-uebersicht_1451889.html

[Klimesch 2008] Klimesch, W.: Regenerative Energien, Grundlagen, in: http://www.agsn.de/. Abruf: 09.01.2011.

[Köhler 2009] Köhler, P.: Spartipps um Heizkosten zu senken, in: http://www.sparhaushalt.com/spartipps/heizkosten_oel_heizoel_gas_sparen.htm. Abruf: 09.01.2011.

[Meier 2001] Meier, T.: Sonneneinstrahlung in Deutschland, in : www.bine.fitz-karlsruhe.de. Abruf: 09.01.2011.

[Roloff 2000] Roloff, K.: me di um Architekten Roloff, Ruffing + Partner. Hochschule für Film und Fernsehen Potsdam, Babelsberg.

[Schönwiese 2008] Schönwiese, C.: Globaler und regionaler Klimawandel. Eine aktuelle wissenschaftliche Übersicht, in: http://www.geo.uni frankfurt.de/iau/klima/PDF_Dateien/SW-KLIA17-_Klimastudie-Chem_-2_pdf.pdf. Abruf: 09.01.2011

[Tuschinski 2010] Tuschinski, M.: Energiesparverordnung, in: http://www.enev-online.de/. Abruf: 09.01.2011.